ANALYSE

DES

EAUX MINERALES

DE M. DE CALSABIGI,

Nouvellement découvertes à Paſſy : à laquelle on a joint une ſuite d'Expériences ſur la maniére de retirer, de ces mêmes Eaux, le Bleu de Pruſſe.

PAR LE SIEUR CADET,
Apoticaire Major de l'Hôtel Royal
des Invalides.

A

ANALYSE
CHIMIQUE

FAITE PAR LE SIEUR CADET
Apoticaire Major de l'Hôtel Royal
des Invalides, d'une Eau Minérale
nouvellement découverte à Paſſy,
dans la Maiſon de Monſieur & de
Madame de CALSABIGI.

1°. L'Eau Minérale de Monſieur DE CALSABIGI ſortant de ſa ſource eſt très-claire, diaphane, & elle n'eſt, pour ainſi dire, point colorée ; au bout de quelque temps elle acquiert une foible couleur jaune ſans perdre de ſa tranſparence.

2°. Cette Eau paſſée par une étamine en ſortant de ſa ſource, après avoir été agitée & ſecouée de temps en temps pendant 15 jours, n'a donné au bout de ce temps aucun sédiment.

3º. Elle m'a paru d'un goût acide très-acerbe, stiptique & vitriolique.

4º. La premiére expérience que j'ai faite avec la noix de galle, m'a prouvé que cette Eau Minérale contenoit beaucoup de fer, vû l'intensité de bleu qu'elle a pris avant de passer au noir.

5º. Pour m'assurer si elle ne contenoit pas du cuivre, je l'ai essayée avec l'alkali volatil ; je n'ai apperçû aucun atome de bleu qui pût me faire soupçonner qu'il y eût de ce metal, la liqueur au contraire a fait un précipité de couleur verte très-foncée.

6º. J'ai fait les mêmes essais avec l'alkali fixe, qui n'a produit d'autre différence qu'en ce que ce précipité a passé à une couleur d'un vert sale.

7º. L'Eau Minérale de Monsieur DE CALSABIGI donne avec l'Eau de chaux nouvelle un précipité jaune très-foncé.

8°. Cette Eau Minérale paſſée légérement avec un pinceau ſur le papier à ſucre, change ſa couleur bleue en un rouge foible.

9°. Ces expériences préliminaires n'étant point aſſez convaincantes, & voulant pouſſer plus loin mes recherches ſur cette Eau Minérale, j'ai mis évaporer dans une étuve au deſſus des Fours de l'Hôtel Royal des Invalides, de l'Eau Minérale de M. DE CALSABIGI, dans des capſules de verre plates, la chaleur de l'étuve étoit à 60. degrés ſuivant le thermométre de mercure de M. PAGNY, gradué ſelon M. DE REAUMUR; j'ai remarqué à meſure que l'évaporation s'en faiſoit, qu'il ſe formoit autour de la capſule une croute ſaline très-blanche, qui en ſe deſſéchant acqueroit une couleur d'un petit jaune citron. Cette croute ſaline eſt d'un goût très-acerbe & ſtiptique; elle laiſſe enſuite ſur la langue une matiére talqueuſe qui ne s'y fond pas. Dans le fond de la capſule, il ne s'eſt formé aucun préci-

A iij

pité pendant tout le temps de l'évaporation ; j'ai continué d'évaporer l'Eau Minérale ; fur la fin de l'évaporation, elle a
un peu bourfoufflé & a laiffé un fel vitriolique, détaché par petits grains d'une couleur citrine, extrêmement acerbe & ftiptique au goût ; du milieu de ces grains
en continuant l'exficcation au même
degré de chaleur, on voyoit fortir de
petites éguilles en forme de grouppes.
Ce fel s'humecte à l'air très-facilement
& fe diffout parfaitement dans l'Eau,
ainfi que dans les trois acides minéraux,
à l'exception pourtant de ces petites
éguilles qui y font inaltérables. La diffolution de ces fels dans les acides minéraux étendus avec une petite quantité
d'Eau eft précipitée en un jaune très-
foncé par l'alkali volatil, & la même
diffolution noyée dans une grande quantité d'eau eft précipitée de même par
l'alkali fixe.

10°. J'ai répété plufieurs fois la même évaporation au même degré de chaleur dans différens vaiffeaux plats, elle

m'a toujours réuffi fans que la liqueur ait donné le moindre précipité ni même fe foit troublée.

11°. L'Eau Minérale mife dans le même temps & au même dégré de chaleur à évaporer dans des cucurbites de verre un peu élevées, s'eft décompofée en dépofant aux parois des vaiffeaux une matiére colorée très - adhérente, d'une belle couleur d'or, qu'il fembloit qu'on eût appliquée avec art; elle précipite enfuite une terre jaune Martiale.

12°. Ayant reconnu que le degré de chaleur & la forme des vaiffeaux produifoient des changemens auffi effentiels pendant l'évaporation, j'en ai tenté une nouvelle de fix pintes d'Eau Minérale à feu nu dans un vaiffeau de terre de Champagne, dont les bords étoient un peu élevés; dans le commencement de l'évaporation la liqueur s'eft fenfiblement troublée & a précipité dans l'inftant de l'ébullition une terre d'un très-beau jaune, il s'eft précipité enfuite une terre beaucoup plus pâle que la premiére. Cette différence n'eſt dûe qu'à une terre blanche talqueuſe, qui s'eſt join-te au ſecond précipité ; j'ai fait évaporer la liqueur juſqu'à un certain point, je l'ai laiſſé repoſer un inſtant pour la tirer à clair, je l'ai miſe à criſtalliſer ſans avoir eu de criſtaux ; j'ai continué à l'évapo-rer & j'ai vû ſe former à la ſurface une pellicule qui ſe précipitoit pour ſe re-former de nouveau ; ſur la fin de l'éva-poration la matiére a bourſoufflé. J'ai obtenu alors un ſel vitriolique tirant ſur le jaune, qui s'eſt humecté à l'air facilement, & qui après s'y être deſſé-ché de lui-même, a repris une couleur d'un jaune plus foncé.

13 . J'ai tenté de nouvelles expé-riences par la diſtillation dans le com-mencement de l'opération, je n'ai retiré que du flegme, enſuite quelques gou-tes de liqueur acide, auxquelles ont ſuccedé immédiatement trois ou qua-tre goutes d'eſprit acide légérement ſul-phureux ; j'ai apperçu alors au fond de la cornue une maſſe ſaline, de laquelle

fortoit un grouppe de criftaux parfaitement éguillés qui tapiffoient auffi les
parois du vaiffeau ; j'ai ceffé l'opération.
La cornue étant refroidie, je l'ai cou-
pée en forme de capfule pour en féparer exactement les criftaux ; je les ai la-
vés dans plufieurs eaux froides, & dans
l'eau tiéde pour enlever tout ce qui
pouvoit y être foluble : les criftaux en
éguille n'ont paru y être aucunement
altérés ; j'ai évaporé les lotions, elles
m'ont fourni par la deffication, un fel
de la nature du vitriol Martial, & je re-
garde les criftaux infolubles dans l'eau
comme une vraie félénite.

14°. Cette Eau Minérale paroît être
très-chargée de fer ; car la premiére terre
jaune que j'ai féparée dans le commencement de l'évaporation, dont j'ai parlé
à l'article 1 2. après avoir été légérement
calcinée, s'eft trouvée prefque toute attirable par l'aimant, & étant jettée fur
le nitre fondu, l'a fait fufer comme
peut faire la limaille de fer ; la feconde
terre jaune foumife à la même calcina-

tion n'a point été attirée par l'aimant
à raifon de la quantité de feuillets féle-
niteux qui s'y font trouvés mêlés.

15°. La couleur bleue du papier à
fucre changée en un rouge foible, le
goût acide qui fe manifefte dans les
eaux & l'effervefcence fenfible que produit l'Eau Minérale concentrée avec les
alkalis fixes, la liqueur acide, & l'efprit
acide, légérement fulphureux que j'ai
retirés dans la diftillation, m'ont fait re-
connoître une furabondance d'acide dans
cette Eau Minérale.

16°. Pour m'en affurer encore j'ai
pris un briquet d'acier poli d'Angle-
terre, que j'ai mis dans l'Eau Minérale
froide, j'ai apperçu au bout d'un inftant quantité de petites bulles d'air qui
s'élevoient de deffus & de tous les cô-
tés du briquet, lefquelles en fe raffem-
blant à côté les unes des autres, paroif-
foient comme de petites globules. J'ai
retiré auffitôt le briquet qui s'étoit dé-
poli, & qui portoit une odeur de fer
auffi fenfible que lorfque l'on jette de

la limaille de fer dans l'acide vitriolique pour faire le vitriol Martial. Vû
l'effet fenfible de l'action de l'acide
excédent fur l'acier, j'y ai jetté pour
cet effet une petite quantité de limaille de fer; au bout d'un certain
temps de digeftion, elle a perdu le goût
acide & a acquis le goût d'un vitriol
Martial factice fort chargé de fer. En-
fin, cette Eau Minérale par différentes
filtrations & évaporations repétées, m'a
fourni du vitriol Martial pur.

17°. Deux pintes d'Eau Minérale
pefant quatre livres, ont fourni 36.
grains de terre ferrugineufe, qui calcinée, a été toute attirable par l'aimant.

48. Grains de feuillets féléniteux.
54. Grains de fel vitriolique.
Ce qui fait par conféquent:
9. Grains de terre ferrugineufe.
24. Grains de félénite.
27. Grains de fel vitriolique par
chaque livre d'Eau Minérale.

18°. Une livre d'Eau Minérale évaporée dans une capfule plate , & non dans un vaiffeau élevé au même degré de chaleur , dont j'ai fait mention à l'article 9 , m'a fourni 60. grains d'un fel vitriolique de couleur jaune , qui calciné dans un teft fous la moufle du fourneau de coupelle , m'a fourni un colcothar d'un très-beau rouge.

19°. L'Eau Minérale de M. DE CALSABIGI m'ayant été envoyée en petite quantité dans le mois de Janvier 1755. comme une nouvelle Eau Minérale étrangére , la petite quantité de liqueur acide que je retirai par la diftillation, à laquelle fuccedérent trois ou quatre goutes d'un efprit légérement fulphureux, ne me permit pas de démontrer par aucune expérience quelles étoient les efpéces d'acides. M. DE CALSABIGI m'ayant envoyé depuis une plus grande quantité de ces Eaux Minérales que pour lors je ne regardai plus comme une Eau Minérale étrangére , ayant appris qu'elles étoient tirées d'une nouvelle fource d'Eau Minérale de Paffy;

je les travaillai en grand, je retrouvai
juſtes les différens produits tels que je les
avois obtenus dans mes Analyſes en petit.
l ne me reſtoit plus qu'à examiner les
eux différens acides que j'ai retirés, dont
e premier a été démontré par Meſſieurs
ENEL & BAYEN, comme un mêlange
'acide, nitreux & marin.

20°. J'ai pris pour cet effet 16. liv.
'Eau Minérale que j'ai évaporées dans
ine étuve ſur des aſſiétes plates de
ayance, en conſiſtance d'une matiére
yrupeuſe; j'ai mis enſuite cette ma-
iére à diſtiller dans une Cucurbite de
erre au feu de lampe de quatre mé-
hes, dont chacune étoit compoſée de
2. brins; dans le commencement de
a diſtillation, je retirai quelques gou-
es d'une liqueur qui étoit inſipide à
aquelle ſucceda une liqueur acide,
ui par degré augmentoit d'acidité.
ette liqueur s'eſt élevée d'abord ſous
a formé de vapeur d'un rouge très-
oible qui rempliſſoit l'intérieur du cha-
iteau; ces vapeurs rouges qui portoient

une odeur d'acide tantôt nitreux tantôt
d'acide de fel marin, n'ont duré que fix
minutes, enfuite le chapiteau s'eft éclair-
ci : j'ai continué la diftillation au même degré de feu ; lorfque j'ai vû qu'il
ne diftilloit plus rien, j'ai féparé cette
liqueur acide qui pefoit une once jufte ;
je l'ai faturée avec de l'alkali fixe de tartre
très-pur, l'once de la liqueur acide s'en eft
chargée de 66. grains ; ma liqueur étant
parfaitement repofée, je l'ai tirée à clair,
& je l'ai mife évaporer dans un verre de
montre au bain de fable, à la chaleur
d'une méche allumée ; au bout de deux
minutes d'évaporation, j'ai vû fe former quelques petits criftaux féparés les
uns des autres qui nageoient à la fur-
face de la liqueur. J'ai affemblé ces
criftaux qui m'ont paru à la loupe
creux en forme de petites tremies quar-
rées, ils avoient parfaitement le goût
du fel marin, & décrépitoient deffus
les charbons ardens. J'ai continué d'é-
vaporer la même liqueur au même dégré de feu ; j'ai vû fe former encore de

nouveaux criftaux de fel marin ; j'ai porté
pour lors ma petite capfule au frais deffus une affiéte de fayance que j'ai en-
tourée de petits morceaux de glace ;
mes petits criftaux de fel marin qui fur-
nageoient étoient tombés au fond à la
faveur du mouvement occafionné par
le tranfport. A mefure que la liqueur s'eft
refroidie, j'ai vû fe former une pellicule de petits grains de fel marin ferrés
confufément les uns près des autres, &
partagés dans quelques endroits par
de petites éguilles de nitre, qui s'y
étoient criftallifées. Mes évaporations
finies, j'ai féparé le plus exactement
qu'il m'a été poffible mes criftaux, les
petites éguilles de nitre ont pefé en-
viron 4. grains, les criftaux de fel marin parfaitement fechés ont pefé 25.
grains.

21°. Cette même liqueur acide faturée (dont je viens de parler art. 20.)
avec le fel de foude, ne m'a donné
que des criftaux de fel marin, fans aucune éguille de nitre : j'ai pouffé en-

fuite le refidu de ma diftillation à feu nu. La cucurbite étant échauffée à un certain point, il s'eft élévé des vapeurs blanches d'une odeur fulphu-reufe qui tomboient en goutes très-claires dans le récipient à mefure qu'elles fe condenfoient dans le chapiteau; je continuai la diftillation jufqu'au mo-ment où je vis paroître quelques goutes d'une liqueur brune qui formoit dans le chapiteau des ftries huileufes : à ce de-gré de feu, ma cucurbite fe fêla, je raffemblai ces goutes qui avoient auffi une odeur de foufre, mais plus péné-trante. Cette liqueur me paroît n'être autre chofe qu'un acide vitriolique très-concentré, qui avoit enlevé une por-tion du phlogiftique du fer avec lequel il s'étoit uni: la première liqueur ful-phureufe qui étoit très-acide pefoit en-viron un gros, je l'ai faturée avec le mê-me fel de tartre. Cette liqueur filtrée & évaporée jufqu'à pellicule, a donné conftamment jufqu'à la derniére évapo-ration, du tartre vitriolé en criftaux très-

très - réguliers, fans aucun mélange de
nitre, ni de fel marin. Cette premiére
liqueur acide fulphureufe, faturée avec
le fel de foude, a donné de très-beau fel
de Glauber ; & ce même acide combiné
avec de la limaille de fer, m'a donné
des criftaux de vitriol pur de Mars ,
d'une belle couleur verte & de figure
romboïdale.

Le refidu de la diftillation pefoit dix
gros, la fuperficie étoit d'une couleur
rouge pâle, & le refte d'un gris de perle,
s'humectant à l'air, d'un goût très-acerbe
& ftiptique.

22°. L'Eau Minérale de M. DE CAL-
SABIGI, mêlée avec une leffive alkaline
chargée du principe fulphureux , extrait par le feu de matiére animale, m'a
fourni un précipité très-bleu , qui ne
différe en rien de la beauté du bleu de
Pruffe, fi ce n'eft qu'il le furpaffe ; les différens moyens que j'ai tentés dans cette
opération me feroient entrer dans un
détail très-long qui n'eft point effentiel
dans cette Analyfe ; je me réferve de

B

donner un Mémoire particulier fur ce travail, le regardant comme un objet qui pourroit devenir très - avantageux pour la Peinture, &c. dans laquelle on employe cette couleur avec fuccès. Les Confifeurs même pourroient alors en faire ufage fans aucun fcrupule dans leurs préparations de fucre où ils employent les couleurs bleues, cette matiére étant tirée d'une Eau Minérale dont les principes vitrioliques font prouvés être exempts de tout mêlange de cuivre.

Cette feconde Analyfe de l'Eau Minérale de M. DE CALSABIGI, ne différant en rien de la premiére que j'avois faite, & ayant obtenu toujours les mêmes produits en grand comme en petit, proportion gardée, je penfe qu'on peut regarder cette Eau Minérale comme chargée de vitriol Martial, d'un fel féléniteux, d'un acide vitriolique furabondant, d'une très - petite portion de nitre & d'un peu plus de fel marin.

J'ai rempli mon objet en faifant cette Analyfe de différentes façons avec toute l'exactitude poffible. C'eft à Meffieurs les Médecins à apprécier la valeur de ces nouvelles Eaux Minérales, quant aux vertus Médicinales.

NOUVELLES
EXPERIENCES
FAITES

PAR LE SIEUR CADET,
Apoticaire Major des Invalides,
fur l'Eau Minérale de M. DE CAL-
SABIGI, pour en tirer le Bleu appellé
communément Bleu de Pruffe.

J'AI annoncé dans mon Analyfe des Eaux Minérales de M. DE CALSABIGI, que ces Eaux m'avoient fourni un bleu que je prévoyois être fort utile; je me fuis engagé à donner un Mémoire particulier fur cet objet, je ne crois pas devoir tarder davantage à m'acquitter de mon engagement.

La fuite de mes premiéres opérations m'a naturellement conduit à ce tra-vail, qui d'ailleurs n'en étoit pas un

B iij

nouveau pour moi. Le célébre M. Geoffroy pere, mon Maître, s'étoit occupé long-temps de cette matiére ; il m'avoit communiqué les différens procédés dont il s'étoit fervi ; M. Macquer, de l'Académie des Sciences, à qui nous devons la parfaite connoiffance de la théorie de cette opération, a bien voulu auffi me faire part de fon travail ; c'eft fur les principes de cet habile Chimifte, ainfi que fur ceux de M. Geoffroy, que j'ai établi mes recherches.

Il a été démontré par les Analyfes qui ont été faites de l'Eau Minérale de M. DE CALSABIGI, que cette Eau étoit chargée d'un vitriol de Mars, d'un fel féléniteux, &c.

Le Bleu de Pruffe n'eft autre chofe qu'un fer très-divifé précipité par l'alkali fixe, en une poudre qui fe trouve changée dans l'inftant de la précipitation par un principe fulphureux, en un bleu plus ou moins foncé fuivant la portion de terre blanche alumineufe qui s'y trouve mêlée ; la félénite ne différant d'ailleurs de l'alun , que par l'efpéce de terre qui eft unie à l'acide vitriolique : l'Eau Minérale dont il eft queftion, m'a paru renfermer tous les matériaux propres à fournir un précipité femblable au Bleu de Pruffe , en y joignant une leffive alkaline chargée d'un principe fulphureux extrait, par le feu , de matiére animale.

J'ai cru m'appercevoir que de tous les alkalis fixes, le fel de foude étoit celui qui a toujours le mieux réuffi à M. Geoffroy dans les travaux qu'il a tentés fur le Bleu de Pruffe ; je l'ai préféré à tout autre fel fixe, à raifon d'un principe fulphureux , dont M. Geoffroy penfe que le kali fe charge pendant fa calcination. J'ai reconnu ce principe fulphureux bien fenfiblement dans les différentes leffives que j'ai faites de fes cendres ; j'ai obfervé que le fel produit de ces leffives par l'évaporation dans une marmite de fer acqueroit différentes couleurs femblables à celle de la chaux de plomb ; que dans le

commencement de l'exſiccation, il prenoit ſouvent une couleur griſe, ainſi
que le prend le plomb dans ſa fuſion
lorſqu'il perd ſon phlogiſtique pour devenir chaux : que ce ſel pouſſé à un feu
plus vif, devenoit d'une couleur jaune qui
approchoit beaucoup de celle du Maſſicot, & qu'enſuite le feu étant un peu
augmenté, ce ſel paſſoit à une couleur
rouge plus foncée que celle du *minium*
ordinaire : ce ſel parvenu à cette couleur
répand une odeur ſulphureuſe très-pé-
nétrante, & jetté tout chaud ſur un
corps froid, il prend le jaune du Maſſicot, comme l'éprouve le *minium*,
qui perd ſa couleur rouge après avoir été
chauffé un certain temps, pour repaſſer
à la premiére couleur qu'il avoit avant
d'être *minium* qui eſt celle du Maſſicot :
c'eſt à M. Geoffroy le fils que nous avons
obligation de ces découvertes ſur le *mi-*
nium, dont l'opération ne nous étoit
pas parfaitement connue. Il a donné
pluſieurs Mémoires ſur l'Analogie du
Biſmuth avec le plomb, dans leſquels

on voit les principes de cette opération très-bien développés.

Quelques Chimiftes tant anciens que
modernes, ont avancé que le *minium*
n'étoit autre chofe qu'un maſſicot de
plomb calciné au feu *de reverbere*, ſur
lequel on faifoit paſſer la flamme du
bois, & que par le moyen de cette forte
calcination on lui donnoit la couleur
rouge : il y a lieu de croire que ces
Chimiftes n'avoient pas exécuté eux-
mêmes l'opération telle qu'ils l'ont décrite, car ils ſe feroient apperçu qu'elle
ne leur auroit pas réuſſi.

Il eſt évidemment démontré que le
maſſicot de plomb n'eſt changé en *minium* que par un degré conſtant de chaleur. Ce degré eſt le 285ᵉ. du thermome-
tre de Farenheit, & ſi l'on outrepaſſe ce
degré de chaleur, on détruit infenfible-
ment ſa couleur rouge, pour le faire paſſer
à ſa premiére couleur jaune. J'ai perdu
de vûe pour un inſtant tous les phénoménes que j'ai remarqués dans la calcination du ſel de ſoude : ce ſel dans

l'état de couleur rouge dont je viens de parler ci-deſſus, la perd inſenſiblement par la calcination avec cette odeur ſulphureuſe ſi pénétrante, & demeure d'une foible couleur jaune, qui ſe démontre plus ſenſiblement lorſque ce ſel a pris l'humidité de l'air : tous ces phénoménes méritent la peine d'être éclaircis ; je ne ſçais ſi on ne pourroit pas en attribuer la cauſe à la portion de fer qui a été démontrée dans la ſoude, & à une autre portion que la liqueur de ce ſel détache très-ſenſiblement de la marmite lorſqu'elle a été concentrée juſqu'à un certain point. L'on ſçait que le fer décompoſé par l'acide vitriolique ſe trouve toujours ſous la couleur jaune ; ne pourroit-il pas ſe démontrer de même avec l'alkali de ſoude ? Cette même couleur jaune reverbérée ſous la moufle, prend une couleur rouge. Toutes ces variations de couleurs dans le fer, ne ſeroient-elles pas en partie la cauſe de celle que j'ai obſervée dans la calcination de ce ſel ? C'eſt une choſe qui ne peut être démontrée que par un travail suivi.

Je me suis écarté encore de l'objet de mon travail, mais souvent dans nos opérations, nous nous trouvons arrêtés par des phénoménes auxquels nous ne pouvons nous refuser. Je reviens donc à mon premier objet.

. Le sel de soude chargé de ce principe sulphureux me paroissant le plus propre pour mon opération, & ne voulant pas m'éloigner des proportions décrites dans le Mémoire de M. Geoffroy, j'en ai pesé quatre onces, que j'ai mêlées avec 8 onces de sang de bœuf desséché, & je les ai calcinées dans un creuset au fourneau à vent ; j'ai reconnu le point de calcination lorsque la matiére est devenue parfaitement rouge, & qu'elle ne rendoit presque plus de flamme. Je l'ai tirée du creuset, & l'ai jettée toute rouge dans deux livres & demie d'eau bouillante ; après un demi-quart d'heure d'ébullition, j'ai filtré cette lessive , j'en ai versé peu à peu 10 à 12 onces fur 2 pintes d'Eau Minérale très-chaude, obfervant en la chauffant, les précautions décrites dans mon Ana-lyfe article 9ᵉ. pour empêcher qu'elle ne fe décompofât par la chaleur. Le réfultat du mêlange de ces deux liqueurs a été un *coagulum* d'un vert obfcur. Nul-lement fatisfait de cette couleur, je me fuis avifé d'ajouter à ce mêlange de nou-velle Eau Minérale; je me fuis apperçû qu'à mefure que j'en verfois, le mê-lange prenoit par degré différentes nuan-ces, pour paffer en dernier lieu à une belle couleur verte d'émeraude; la li-queur étant repofée, a confervé fa cou-leur verte & a précipité en peu de temps une fécule qui m'a paru bleue. Je l'ai lavée plufieurs fois avec de l'eau de puits filtrée, je l'ai fait fécher, & elle eft ref-tée d'une couleur noire, qui employée dans la Peinture avec un peu de blanc de plomb, a donné des nuances d'un vert de pré.

Cette opération m'a fait obferver qu'il falloit employer très-peu de leffive

alkaline pour précipiter le fer & la félénite propre à fournir le bleu, qu'une
plus grande quantité ne fervoit qu'à
précipiter de nouveau fer, qui donnoit
à ce *coagulum* ce vert obfcur. J'ai re-
pété la même opération en obfervant
fur-tout de mettre très-peu de leffive
alkaline, la liqueur a paffé tout d'un
coup à un beau vert tranfparent, en
précipitant une fécule qui ne différoit
point de la première. J'ai verfé quelques
goutes d'efprit de fel fur cette fécule qui
a paffé fur le champ à une très-belle couleur bleue; j'ai imaginé de là que le vert
n'étoit qu'accidentel, que la félénite &
le fer contenu dans les eaux précipités
par l'alkali fixe, &c. étant changé en
bleu par le principe fulphureux, fuivant
la théorie que nous en a donnée M.
Macquer, il ne pouvoit y avoir qu'une
furabondance de terre jaune ferrugineufe qui n'avoit pû être changée en bleu,
& qui avoit communiqué la couleur
verte à la fécule, par la raifon qu'avec
du jaune & du bleu l'on fait du vert.

La fuite de ce Mémoire va prouver
que mes conjectures ont été juftes : pour
féparer cette furabondance de fer, j'ai
fait chauffer de l'Eau Minérale dans
une marmite de fer neuve ; dès le commencement de l'ébullition, elle a pris
une couleur jaune très-foncée ; j'ai faifi
ce moment pour filtrer la liqueur, & il
m'eft refté fur le filtre cette terre jaune
furabondante que je cherchois : ma liqueur étant parfaitement claire & encore chaude, j'y ai verfé peu à peu de
ma liqueur alkaline fulphureufe, j'ai
obtenu à l'inftant une fécule d'un très-
beau bleu, fans avoir eû befoin d'être
avivée par les acides, ce qui le rend
fupérieur au Bleu de Pruffe ordinaire,
qui s'écrafe difficilement fous la molet-
te, au lieu que ce dernier eft doux au
toucher & très - facile à s'écrafer fous
les doigts. Employé dans la Peinture,
il donne un beau bleu très-foncé ; M.
Boucher Peintre, fi connu par fes Ouvrages, l'a employé avec fuccès. Je re-
garde auffi comme un avantage très-

grand de n'être point obligé de me fervir des acides minéraux pour *aviver*
ce bleu. Les Artiftes qui employent
cette couleur dans leurs Ouvrages ne
peuvent s'attendre à les voir conferver
long-temps leur fraîcheur tant qu'ils fe
ferviront d'un bleu qui aura paffé par
les acides : car quelques précautions
que l'on prenne pour le laver, il en refte
toujours une petite portion qui avec le
temps attaque cette couleur & en détruit l'éclat.

Cette obfervation eft de M. Geoffroy:
M. Macquer a pourtant démontré que
les acides minéraux ne diffolvoient ni
même n'altéroient point le Bleu de Pruffe par les différentes diffolutions qu'il
en a tentées. Il a remarqué feulement
qu'ils lui donnoient plus d'intenfité ; il
ne prétend pas pour cela contredire le
fentiment de M. Geoffroy, d'autant plus
qu'il m'a dit n'en avoir fait aucun effai
dans la Peinture , & qu'il penfe qu'il ne
feroit pas impoffible que l'action de l'air
combinée avec celle de l'acide , ne pût

à la longue produire une altération que l'acide feul n'occafionne pas d'abord : certainement M. Geoffroy n'a avancé ce fait que d'après l'expérience.

Je crois devoir faire obferver dans ce Mémoire que pour obtenir la fécule bleue avec la liqueur alkaline fulphureu-fe, il eft très-important de bien faifir l'inf-tant de l'ébullition de l'Eau Minérale, où il fe fait une féparation de terre jaune pour la filtrer, parce que fi on laiffe pré-cipiter la félénite, on n'obtient qu'une fécule tirant fur le noir. Cette opéra-tion prouve la parité & la neceffité de la félénite, ou de la terre de l'alun dans la compofition du bleu. J'ai rendu le fuccès de cette opération encore plus certain, en ajoutant une diffolution d'alun à l'Eau Minérale dont j'avois laiffé précipiter la félénite ; à peine · y ai - je verfé de ma liqueur alkaline fulphureu-fe, que j'en ai obtenu une fecule d'un beau bleu, qui n'étoit pourtant pas auffi foncé que celle que j'avois tirée de mes derniéres opérations ; j'ai attribué ce
changement

changement à une trop grande quantité
de terre alumineuſe qui avoit été précipitée par l'alkali fixe , & qui avoit éten-
du davantage les particules de fer chan-
gées en bleu. J'ai recommencé l'expérience èn ajoûtant moins d'alun à unè
portion de la même liqueur que j'a-
vois reſervée , ma liqueur alkaline ſulphureuſe, y étant mêlée , j'ai obtenu
un bleu beaucoup plus foncé & tel que
je le deſirois.

Mon objet en traitant ce bleu, étant
d'en abréger le travail & de chercher
à donner plus de facilité à ceux qui
voudront s'occuper de cette opération,
j'aurois bien tenté le procédé de M.
Macquer en ſaturant ma liqueur alkaline ſulphureuſe de la partie colorante
du bleu de Pruſſe, par le procédé qu'il
a donné dans ſon Mémoire à l'Académie, dans la rentrée publique de l'an-
née 1752; mais cette opération quoi-
que fort intéreſſante pour la théorie,
devenant trop diſpendieuſe dans la pra-

tique, j'ai imaginé d'extraire d'une façon plus aifée le bleu de ces Eaux Minérales fans être obligé de féparer la terre jaune ; j'ai pris pour cet effet environ deux onces d'alun groffiérement concaffé, je l'ai fondu dans un demi-feptier d'eau bouillante; j'ai mêlé cette diffolution avec deux pintes & chopine d'Eau Minérale chauffée fans précaution ; j'ai filtré fur le champ, enfuite j'y ai verfé peu à peu de ma liqueur alkaline fulphureufe, telle que je l'ai décrite ci - deffus, à l'exception pourtant que j'en ai augmenté le poids du fang de bœuf de deux onces, afin de charger davantage ma liqueur alkaline, de ce principe fulphureux qui donne le bleu au fer, j'ai obtenu de cette opération une fécule d'un affez beau bleu. Je ne défigne point le poids de la liqueur alkaline qu'il faut y faire entrer, il fuffit d'en verfer peu à peu, & de ceffer à l'inftant qu'on s'apperçoit que le bleu qui fe forme

eſt moins beau que celui qui s'eſt précipité le premier. Le mouvement de
l'efferveſcence étant fini, la liqueur
étant parfaitement repoſée, il faut avoir
grande attention de la décanter de
deſſus la fécule, & d'en enlever le plus
que l'on pourra; il faut enſuite noyer
la fécule dans une certaine quantité
d'eau de puits que l'on décantera de
nouveau, dès qu'elle ſera devenue claire; on peut alors mettre égouter la
fécule ſur un filtre & la porter enſuite au ſéchoir; ſi l'on ne prénoit point
toutes ces précautions, la premiére liqueur que l'on ſépare de deſſus la fécule, ayant une couleur verte tranſ-
parente, à raiſon d'une portion de vitriol de Mars, dont elle eſt encore
chargée, cette même liqueur, dis-je,
dépoſeroit avec le temps une portion
de terre jaune ferrugineuſe qui ſe mé-
leroit avec le bleu qui en altéreroit plus
ou moins la perfection.

Ce nouveau travail pourroit encore,

s'il étoit néceffaire, fervir de preuve à l'exiftence du vitriol Martial pur & de la félénite dans l'Eau Minérale de M. DE CALSABIGI. Je ne crois pas qu'aucun Auteur ait démontré auffi fenfiblement le fer contenu dans aucune Eau Minérale. Le fameux Henkel a bien démontré le fer dans la foude, par la petite portion de bleu qu'il en a tirée : M. Geoffroy, lui-même, d'après le travail de ce fameux Chimifte, a tiré des criftaux de fel de Glauber coloré d'un très-beau bleu de faphir, en verfant de l'acide vitriolique fur le fel alkali de foude, cherchant à prouver que fa bafe étoit la même que celle du fel marin; mais tous ces travaux n'ont jamais fourni à ces célébres Chimiftes une auffi grande quantité de bleu auffi parfait que celle que j'ai retirée de ces nouvelles Eaux Minérales.

Je n'ai point regardé comme inutiles dans ce Mémoire les détails dans lefquels je fuis entré; jofe me flatter que juftement appréciés, ils pourront être de quelque fecours à ceux qui s'occupent de la Chimie.

Signé à l'Orignal, CADET.

www.ingramcontent.com/pod-product-compliance
Lightning Source LLC
Chambersburg PA
CBHW060503210326
41520CB00015B/4071